日日都可愛

童用日常手作包 & 配飾

王思云◎著

　　初次接觸縫紉時,當時的身份還是位小姐,從小姐、人妻至人母,針線在我的生活中佔有著很大的區塊,相信每一位喜愛手作的人都知道,自己動手做,做出來的每一個成品,自己背、自己拿嗎?多多少少;但絕對少不了的是送給身邊的親朋好友,這不是為了炫技,而是為了看見收到的人,臉上那真心的一抹笑容,那份滿足……無可言喻。

　　當這份心靈滿足,在有了孩子之後,更是希望能做好多好多的東西給她,這是一份有溫度的、一針一線的、媽媽滿滿的「愛」;從妳出生後,為妳做的圍兜、布娃娃;開始學習走路,為妳縫製的第一雙學步鞋;直到現在,開始要拿筆學習寫字,媽媽牌筆袋就馬上出列……;手作之所以迷人,就是「媽媽做給妳」!是啊,是這份暖暖的心靈滿足。

　　親愛的寶貝,謝謝妳來到這世上當我的孩子,因為有妳,讓我知道為人母的這個身份有多麼的美麗,我用一針一線,慢慢的、細細的、一步一步的陪伴著妳一起成長。

王思云

I

上學篇

TOTE BAG

🍶 立體校車跑跑書袋

為書本量身製作,
用最便於拿取東西的托特包款,
搭配以魔鬼氈強力固定的大尺寸筆袋,
做好萬全準備,自信滿滿上學去。

尺寸 ⇨ 29cm 寬 ×34cm 高

作法 ⇨ P.08

pattern
A面

材 料

---

01 裁布 （縫份已內含／除非特別註記）

A 袋身　　　　37×32cm　　　　表布 ×2
B 見返　　　　7×32cm　　　　 表布 ×2
C 手把　　　　48×8cm　　　　 表布 ×2

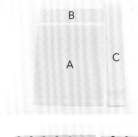

D 內袋身　　　32×32cm　　　　裡布 ×2
E 口袋　　　　31×22cm　　　　裡布 ×1

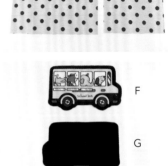

F 汽車紙型正面畫布　汽車圖案表布 ×1
G 汽車紙型反面畫布　汽車黑色表布 ×1

H 汽車紙型正面畫布　汽車裡布 ×1
I 汽車紙型反面畫布　汽車裡布 ×1

J 汽車內層　　　25×15cm　　　單膠棉 ×1
K 汽車內層　　　25×15cm　　　黑色後背布 ×1

02 其他配件

L 25cm 拉鍊　　　1 條
M 魔鬼氈　　　　　2.5×2.5cm×2 組
N 布標　　　　　　1 個
O 毛球　　　　　　1 個
P 磁釦　　　　　　1 組

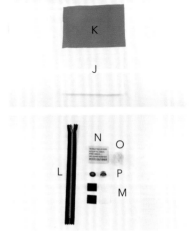

● 汽車筆袋

1　汽車表布與單膠棉燙合，底層再加一塊黑色後背布，三層一起依圖案輪廓車縫壓線。

2　車縫輪廓線後，修剪多餘的布料。

3　汽車表布、拉鍊及汽車裡布三層一起夾車0.7cm固定。

4　翻至正面，袋口車縫0.2cm裝飾線。

5　汽車黑色表布依圖示位置固定魔鬼氈，車縫0.2cm一圈。

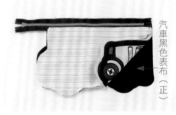

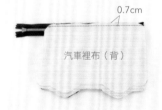

6　汽車黑色表布、拉鍊及汽車裡布三層一起夾車0.7cm固定。

7　翻至正面，袋口車縫0.2cm裝飾線。

8　將拉鍊頭拉進袋身，剪掉多餘的拉鍊布，拔除縫份處的拉鍊齒。

9　表／裡布袋身分別正面相對對齊，於裡布袋身側邊留4cm返口，布邊車縫0.7cm固定。

10　圓弧處剪牙口，翻回正面，返口藏針縫縫合。

● 提袋

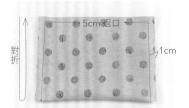

11 裡布口袋長邊正面相對對折，留 5cm 返口，車縫 1cm ∏型固定。

12 由返口翻回正面，對折邊車縫 0.2cm 裝飾線，返口藏針縫縫合。

13 取一片裡布內袋身，車縫 0.2cm ∪型固定口袋，並車縫口袋隔間。

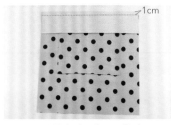

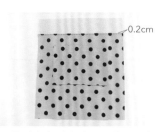

14 見返與裡布內袋身正面相對，布邊對齊車縫 1cm 固定。

15 縫份倒向裡布，車縫 0.2cm 裝飾線。

16 另一側同作法 14-15 完成見返與裡布內袋身的車縫。

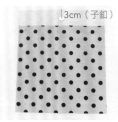

17 兩側見返依圖示位置裝上磁釦。

18 兩片內袋正面相對，布邊車縫 1cm ∪型固定，完成內袋。

19 把手長邊各往內折燙 1cm。

20 將把手對折成 3cm 寬，上、下兩側車縫 0.2cm 裝飾線。

21 取一片表布袋身依圖示位置固定布標，車縫 0.2cm 一圈。

22 縫上毛球，魔鬼氈車縫 0.2cm 一圈固定。

23 兩片表布袋身正面相對，布邊車縫1cm ⊔型固定。

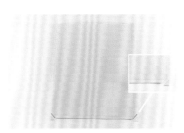  

24 以裁切三角形之方式，修剪縫份。

25 將外袋翻回正面。

26 把手依圖示位置與外袋正面相對，布邊對齊車縫 0.5cm 固定把手。

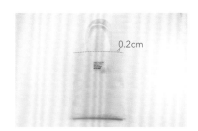

27 內／外袋袋口皆往內折燙 1cm，內袋套入外袋中，袋口車縫 0.2cm 一圈。

28 完成。

PEN CASE

雙拉鍊筆袋

厚實的袋身能裝入超乎想像的數量，
正反雙層的設計便於分類，
貼心的提把讓小小的手也能好好拎著。

尺寸 ⇨ 20cm 寬 ×9cm 高 ×4cm 底寬

作法 ⇨ P.14

pattern
A面

材 料
---

01 裁布（縫份已內含／除非特別註記）

A 袋身　　　依紙型裁布　　　表布 ×2、裡布 ×2、單膠棉 ×2
B 內隔間　　依紙型裁布　　　裡布 ×2、薄襯 ×2
C 側身布　　30×3.5cm　　　 表布 ×2、裡布 ×2
D 提把布　　8×9cm　　　　 表布 ×1

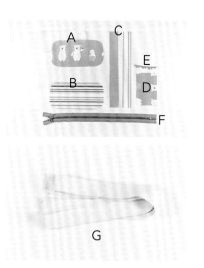

02 其他配件

E 球球織帶　　　　　　　　10cm
F 30cm 拉鍊　　　　　　　 2 條
G 2cm 寬人字織帶 (包邊用)　190cm

How to make --

1　表布袋身燙上單膠棉，內隔間燙上薄襯。

2　取其中一片表布袋身車縫裝飾球球織帶。

3　表布袋身與裡布袋身背面相對，布邊疏車縫 0.2cm 一圈固定。

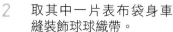

4　兩片內隔間背面相對，布邊疏車縫 0.2cm 一圈固定。

0.7cm
側身表布（反）
拉鍊（正）
3cm
側身裡布（正）

0.2cm

5　於拉鍊正反面末端往內 3cm 處做記號，側身表 / 裡布布邊分別對齊拉鍊正反面記號線，三層一起夾車 0.7cm 固定。

6　將側身表 / 裡布翻至正面，車縫 0.2cm 裝飾線。

26cm

0.2cm

7　拉鍊另一端於 26cm 處做記號，將側身表 / 裡布另一端完成線對齊拉鍊記號線三層一起車縫固定，同作法 5-6 車縫完成一圈的拉鍊圈，並修剪多餘的拉鍊。

0.2cm

8　將完成的拉鍊圈側身表 / 裡布疏車縫 0.2cm 固定布邊。

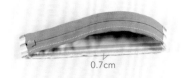

0.7cm

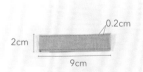

0.2cm

2cm

9cm

9　同作法 5-8 完成另一組拉鍊圈，將兩組拉鍊圈正面相對車縫 0.7cm 接合固定。

10　提把布取 9cm 寬的邊向中心反折，再往內對折成 2×9cm，於長邊車縫 0.2cm 裝飾線。

0.2cm

11 將提把布車縫 0.2cm 固定於側身拉鍊止點等高處。

12 正面袋身、內隔間及後背袋身分別找出四邊中心點。

13 找出拉鍊圈的四個中心點。※提醒：先找出拉鍊的中心點，對應找出底部中心點，拉鍊與底部中心點對齊後，方可找出另兩側的中心點。

0.7cm

（正面袋身完成）

14 正面袋身與拉鍊圈正面相對對齊四個中心點，再分別別上珠針一整圈，布邊車縫 0.7cm 固定。

0.7cm

（內隔間縫合完成）

15 內隔間與拉鍊圈對齊四個中心點，再分別別上珠針一整圈，布邊車縫 0.7cm 固定。

0.7cm

（後背袋身完成）

16 後背袋身與拉鍊圈正面相對對齊四個中心點，再分別別上珠針一整圈，布邊車縫 0.7cm 固定。

 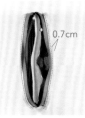 

17　人字織帶先對折整燙找出中心線，以人字織帶車縫 0.7cm 分別固定正面袋身、內隔間及後背袋身三圈縫份處包邊處理。

18　完成。

W A T E R P R O O F

T O T E

🧵 輕防水游泳袋

用喜歡的布料來製作，
透明防水布讓圖案清晰可見且多了一層防水保護。
額外利用防水布製作拉鍊內袋，
溼答答衣物也可以安心裝入與外袋隔絕。

尺寸 ⇨ 32cm 寬 ×32cm 高 ×13cm 底寬

作法 ⇨ P.19

pattern
A 面

01 裁布 （縫份已內含／除非特別註記）

A 本體	依紙型裁布	表布 ×2、裡布 ×2
B 側袋身	94×15cm	表布 ×1、裡布 ×1
C 前口袋	依紙型裁布	透明防水布 ×1
D 側口袋	68×15 cm	透明防水布 ×1
E 口布	47×6cm	表布 ×2
F 開放口袋	38×24cm	透明防水布 ×1
G 拉鍊口袋	27.5×47cm	透明防水布 ×1

02 其他配件

H 25cm 拉鍊	1 條
I 3cm 寬織帶	130cm
J 2cm 寬人字織帶	270cm
K 四合釦	1 組
L 皮片	6.5×1.5cm

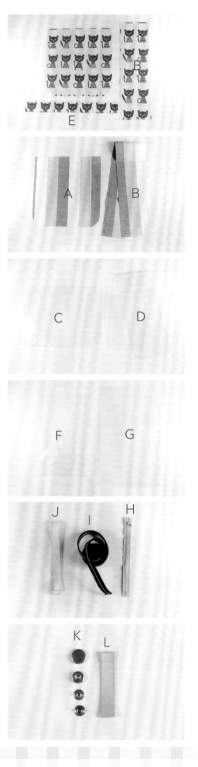

How to make

本體表布（正） 本體裡布（背）
前口袋（正）

0.5cm

1　前口袋袋口往內折1cm，車縫0.7cm固定。

2　依序放上前口袋、本體表布及本體裡布，三層布邊對齊，布邊疏車縫0.5cm固定。

中心

本體表布（正）
本體裡布（正）
0.5cm

3　前口袋中心車縫一道隔間線。

4　另一片本體表布及裡布背面相對，布邊疏車縫0.5cm固定。

0.7cm

5　側袋身若為有方向性之圖案布，尺寸需裁剪成48×15cm×2片，再車縫1cm固定。※提醒：若使用有方向性之布料，皆要注意圖案的走向，避免作品圖案顛倒。

6　側口袋兩側布邊往內折1cm再折1cm，袋口車縫0.7cm裝飾線。

側袋身裡布（正）
側口袋
側袋身表布（正）

0.5cm
中心點

7　依序放上側口袋、側袋身表布及側袋身裡布，三層布邊及底部中心點分別對齊，疏車縫0.5cm固定布邊。

8 側口袋由袋口往內 16cm 車縫一道直線，左、右兩側皆同法完成隔間車縫。

9 兩片口布正面相對，車縫 1cm 固定左、右兩短邊。

10 縫份燙開，下緣布邊往內折燙 1cm。

11 開放口袋袋口以人字織帶車縫 0.7cm 包邊。

12 口袋往上折 16cm，左、右兩側以人字織帶車縫 0.7cm 包邊。

13 本體布與側袋身正面相對，中心點及布邊相互對齊，布邊車縫 1cmU 型固定。

14 圓弧處剪牙口。

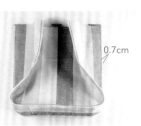

15 另一側本體布與側袋身同作法 13-14 之方式完成接合。

16 袋身修剪掉 0.5cm 的縫份，使用人字織帶車縫 0.7cm 包邊。

17 將口布套於袋身袋口外，正面相對，側袋身中心處夾入 70cm 織帶。

18 袋口車縫 1cm 一圈固定。

19 口布翻至袋身內，袋口車縫 0.2cm 裝飾線一圈。

20 將開放口袋夾入口布下緣往內折 1cm 處固定。

21 袋口連同開放口袋車縫 3.7cm 裝飾線一圈固定。

22 將皮片車縫 0.2cm 固定於側袋身未夾車織帶一側。

23 側背帶末端車縫鋸齒狀包邊。

24 末端 1.7cm 與 8.5cm 處釘上四合釦。

25 織帶末端即可穿入皮片折起扣合。

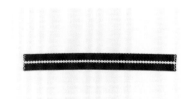

26 裁剪兩條 29cm 織帶作手把，手把兩側車縫鋸齒狀包邊。

27 袋身與側袋身接縫處往袋身方向 4cm 做記號，將手把布邊對齊 4cm 記號線，末端車縫 1cm 固定於袋身上。

28 另一端同作法 27 的方式車縫完成。※ 提醒：前、後袋身皆須車縫手把。

 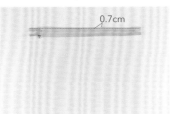 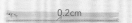

29 手把左、右兩側往內 1.5cm 再車縫一道固定即完成。

30 拉鍊口袋布與拉鍊正面相對，布邊對齊車縫 0.7cm 固定。

31 翻至正面，袋口車縫 0.2cm 裝飾線。

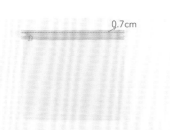  

32 拉鍊口袋布另一端同作法 30-31 車縫固定口袋布及拉鍊。

33 拉鍊口袋翻至背面，左、右兩側各車縫 0.7cm 固定。

34 翻至正面，用錐子挑出尖角，拉鍊口袋即完成。

D R A W S T R I N G
B A G

哈哈笑水壺束口袋

大大笑臉般的貼式口袋放得下悠遊卡或零錢備用，
束繩袋口好收好開，
是在外能隨時提醒自己補充水分的重要小夥伴。

尺寸 ⇨ 直徑 9cm 寬 ×19cm 高

作法 ⇨ P.25

pattern
A面

01 裁布 （縫份已內含／除非特別註記）

A 袋底　　　依紙型裁布　　　　　　表布 ×1、裡布 ×1
B 上袋布　　9.5×30.5cm　　　　　表布 ×1
C 下袋布　　17×30.5cm　　　　　　表布 ×1、裡布 ×1
D 口袋　　　依紙型裁布　　　　　　表布 ×1
E 包邊布　　40×3cm（45°斜布紋）　表布 ×1

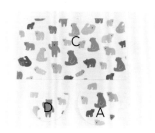

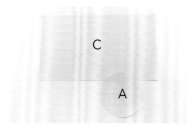

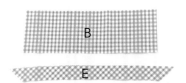

02 其他配件

F 2cm 寬人字織帶　　140cm
G 棉繩　　　　　　　45cm
H 口環　　　　　　　1 個
I 日環　　　　　　　1 個
J 繩擋　　　　　　　1 個

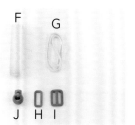

How to make‑‑‑‑‑‑‑‑‑‑‑‑‑‑‑‑‑‑‑‑‑‑‑‑‑‑‑‑‑‑‑‑‑‑‑‑

1cm
對折

1　裡布袋身正面相對對折，
　　側邊車縫 1cm 固定。

1cm

2　裡布袋身底部與袋底正
　　面相對，布邊對齊車縫
　　1cm 固定，圓弧處剪牙
　　口。

3　包邊布往中心反折，再對
　　折成四等份整燙。

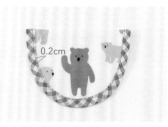

0.2cm

4　包邊布車縫 0.2cm U 型
　　固定於口袋圓弧處。

0.2cm

5　口袋上方左、右兩側包
　　邊布預留 0.7cm 縫份往
　　內折，包邊布車縫 0.2cm
　　固定於口袋袋口。

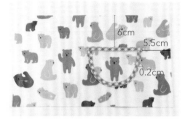

6cm
5.5cm
0.2cm

6　將口袋布依圖示位置車縫
　　0.2cmU 型固定於表布袋
　　身上。

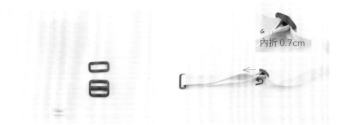

1cm

7　表布袋身與上袋布正面相對，布邊對齊車縫 1cm 固定，
　　再將背面的縫份燙開。

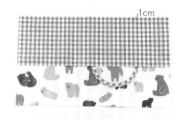

8　裁剪 100cm 人字織帶穿入日環，並且繞過口環，再
　　繞進日環下側預留 2.5cm，末端往內側折 0.7cm 車縫
　　0.3cm 固定。

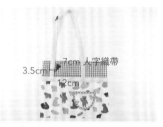

內折 0.7cm
7cm 人字織帶
3.5cm
12cm

9　裁剪 7cm 人字織帶穿入
　　口環另一側後，固定在袋
　　身接縫線上，再裁剪一條
　　與袋身等寬的人字織帶蓋
　　住袋身接縫線和人字織帶
　　末端。

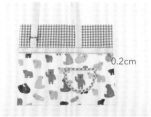 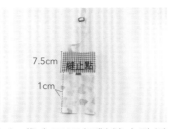 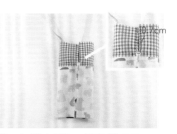

10 人字織帶上、下兩側車縫 0.2cm 固定。

11 袋身正面相對縫止點以下車縫 1cm 固定。

12 上袋布開口處車縫 0.7cm 固定縫份。※ 提醒：縫止點處可橫向加強車縫。

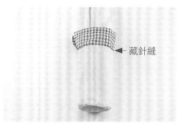 

13 上袋布袋口往內折燙 0.5cm 再折燙 2cm，袋口車縫 1.8cm 一圈固定。

14 表布袋身與袋底正面相對，布邊對齊車縫 1cm 固定，圓弧處剪牙口。

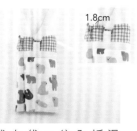 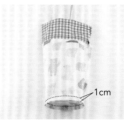

15 內袋身翻回正面，袋口往內折燙 1cm，取外袋套入內袋裡，將內袋袋口對齊外袋上 / 下袋身接縫線，袋口藏針縫一圈縫合。

16 翻回正面。

17 上袋身袋口穿入 45cm 棉繩，末端穿入繩擋打結。

18 完成。

R A I N

COAT

 小飛俠斗篷雨衣

走路或騎腳踏車都好用的斗篷雨衣，
不會有雨水從拉鍊或釦子滲入的困擾，
雨滴咕溜溜地滑落，壞天氣也能有好心情。

尺寸 ⇨ 衣寬 99cm× 衣寬 49cm

作法 ⇨ P.30

pattern
A面

材 料
---

01 裁布 （縫份已內含／除非特別註記）

● 雨衣

A 本體　　　　105×105cm　　　　表布 ×1
B 帽子　　　　依紙型裁布　　　　表布 ×2
　　　　　　　（紙型須正、反面畫布）

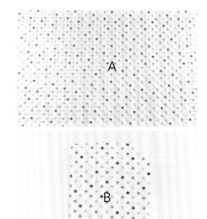

02 裁布及其他配件

● 收納袋

C 袋身　　　　53×18cm　　　　表布 ×1
D 線繩　　　　90cm

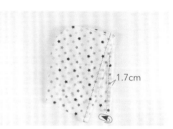

How to make---

● 雨衣

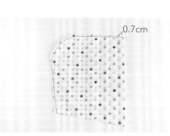

1　本體取一邊對折，中心點做記號，依紙型描繪「挖洞脖子處」，並裁剪領圍洞口。

2　兩片帽子布正面相對，車縫 0.7cm 固定圓弧處，並將縫份刮開。

3　帽子翻回正面，帽子前沿布邊往內折 1cm 再折 2cm，車縫 1.7cm 固定布邊。

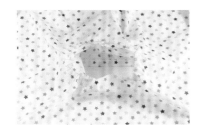

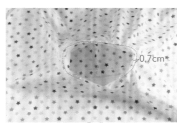

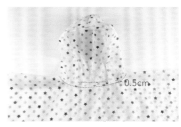

4　本體領圍洞口取中心點，與帽子後中心接縫處正面相對布邊對齊，由後中心向左、右依序別上珠針固定。

5　領圍車縫 0.7cm 固定本體與帽子。

6　翻回正面，縫份倒向衣身，車縫 0.5cm 裝飾線。

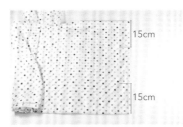

7　本體四邊布邊往內折 0.5cm 再折 2cm，車縫 1.7cm 裝飾線。

8　本體背面相對對折，於雨衣正面左、右兩側各車縫兩道固定線即完成。

收納袋

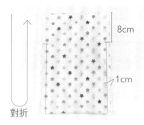

8cm

1cm

對折

1 袋身正面相對對折，袋
口向下左、右兩側預留
8cm 不車縫，其餘車縫
1cm 固定。

0.5cm

2 側身縫份刮平，縫份開口
處車 0.5cm ∪型固定。

3 袋口布邊往內折 1cm 再
折 3.5cm。

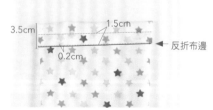

3.5cm

1.5cm

0.2cm

← 反折布邊

4 反折處距布邊車縫 0.2cm
一圈，再距離 1.5cm 車
縫一圈。

← 棉繩穿法 →

5 袋身翻回正面，將棉繩剪成兩段，分別穿入軌道中，末端打結即完成。

II

郊遊篇

BACKPACK

舒壓鋪棉輕背包

選用鋪棉布增加減壓的效果，
背得輕鬆一些、不容易疲累。
大大容量的本體袋身跟前口袋，
可以放入好多喜歡的東西。

尺寸 ⇨ 29cm 高 ×21cm 寬 ×10cm 底寬
作法 ⇨ P.38

pattern
A 面

材 料

01 裁布 （縫份已內含／除非特別註記）

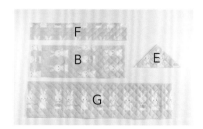

A 本體	依紙型裁布	表布 ×2、裡布 ×1
B 肩背帶	依紙型裁布	表布 ×2
C 外口袋 A	依紙型裁布	表布 ×1
D 外口袋 B	依紙型裁布	表布 ×1
E 三角布	依紙型裁布	表布 ×2
F 口布	36×6cm	表布 ×2、裡布 ×2
G 底布	51.5×12cm	表布 ×1、裡布 ×1
H 開放口袋	依紙型裁布	裡布 ×1
I 拉鍊口袋	19×30cm	裡布 ×1
J 本體裡布 A	依紙型裁布	裡布 ×1
K 本體裡布 B	依紙型裁布	裡布 ×1

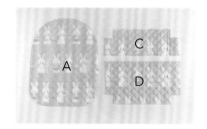

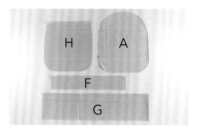

02 其他配件

L 拉鍊	36.5cm、24.5cm、16cm
M 日型環	2 個
N 2.5cm 寬織帶	100cm
O 2cm 寬人字織帶	195cm
P 裝飾側標	1 個

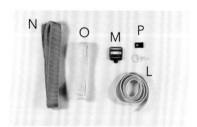

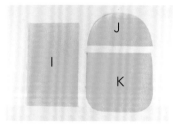

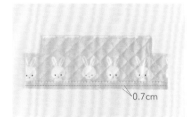

1 取創意組合拉鍊 24.5cm 與外口袋 A 正面相對，車縫 0.7cm 固定。

2 翻至正面，車縫 0.2cm 裝飾線。

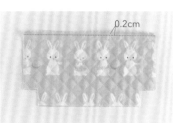

3 取創意組合拉鍊 24.5cm 與外口袋 B 正面相對，車縫 0.7cm 固定，並於正面車縫 0.2cm 裝飾線。

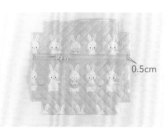

4 外口袋 A 與外口袋 B 利用拉鍊頭拉合拉鍊，左、右兩側車縫 0.5cm 一小段固定縫份處。

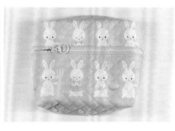

5 外口袋的四個底角分別車縫 0.7cm 固定。

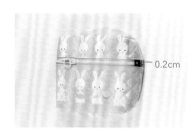

6 取裝飾側標車縫 0.2cm 固定於外口袋上。

7 依紙型記號位置車縫 1cm 固定外口袋底部於本體表布上。※ 提醒：左、右端皆車縫到縫止點處。

8 外口袋上緣同作法 7 車縫固定於本體表布上。

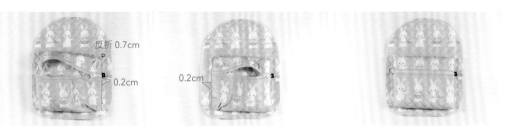

9　外口袋左、右兩側布邊往內折 0.7cm，車縫 0.2cm 固定於本體表布上。

10　肩背帶正面相對對折，長邊車縫 0.7cm 固定。

11　縫份攤開，翻回正面，車縫線置中擺放。

12　肩背帶底端往內折 0.7cm。

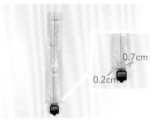

13　取 6cm 織帶穿入日型環對折，末端 1cm 夾入肩背帶中，車縫 0.2cm 及 0.7cm 固定，肩背帶中心車縫一道固定線。

14　取 37cm 織帶與三角布布邊對齊夾車 0.7cm 固定，翻回正面。

15　三角布織帶穿入肩背帶的日型環中。

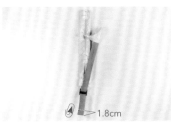

16 織帶尾端往內折 2cm 再折 2cm，車縫 1.8cm 固定。

17 另一邊肩背帶同作法 10-16 完成。※ 提醒：三角布夾車織帶須左、右對稱。

口布表布（正）　口布裡布（背）

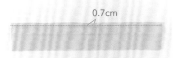

0.7cm

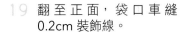

0.2cm

18 取口布表 / 裡布與創意組合拉鍊 36.5cm 布邊對齊，夾車 0.7cm 固定。

19 翻至正面，袋口車縫 0.2cm 裝飾線。

0.2cm

裡布底布（正）　拉鍊口布（正）　表布底布（背）　0.7cm

20 另一邊口布同作法 18-19 完成。

21 上 / 下口布利用拉鍊頭拉合拉鍊合併。

22 底布表 / 裡布與拉鍊口布布邊對齊，夾車 0.7cm 固定。

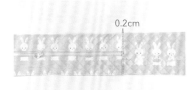

0.2cm

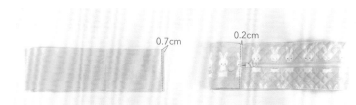

0.7cm　0.2cm

23 翻至正面，接縫處車縫 0.2cm 裝飾線於底布上。

24 另一邊同作法 22-23 車縫固定，形成環狀。

25 側袋身表／裡布疏車縫 0.2cm 固定布邊。

26 開放口袋袋口往內折 2cm 再折 2cm，袋口分別車縫 0.2cm 及 1.8cm 固定。

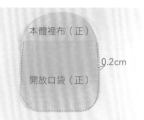

27 將開放口袋疏車縫 0.2cmU 型固定於本體裡布上。

28 將完成口袋車縫的本體裡布與本體表布前片背面相對，疏車縫 0.2cm 一圈固定布邊。

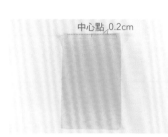

29 取創意組合拉鍊 16cm 與拉鍊口袋布袋口中心點對齊，並車縫 0.2cm 固定。

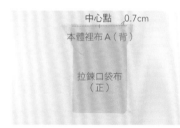

30 取本體裡布 A 做中心點記號，再與拉鍊口袋布已車縫拉鍊處中心點對齊，車縫 0.7cm 固定。

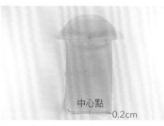

31 拉鍊口袋布另一端同作法 29 取 16cm 拉鍊車縫 0.2cm 固定。

32 取本體裡布 B 做中心點記號，與拉鍊口袋布另一端正面相對中心點對齊，車縫 0.7cm 固定。

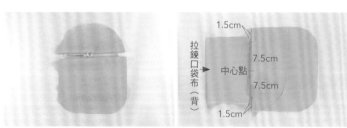

33 本體裡布 A/B 利用拉鍊頭接合袋身，拉鍊由中心往左、右各取 7.5cm 做記號，車縫 1.5cm 固定布邊至記號處之完成線。

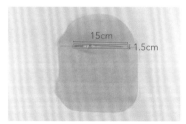

34 在拉鍊四周畫一個 15×1.5cm 的長方形方框。

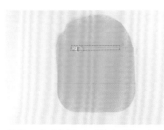

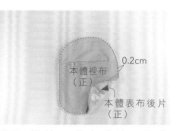

35 車縫長方型方框。※提醒：車縫時，不要車縫到口袋布。

36 口袋左、右兩側車縫 0.7cm 固定。

37 拉鍊口袋完成後，與本體表布後片背面相對，疏車縫 0.2cm 一圈固定布邊。

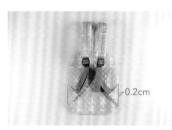

38 本體表布後片上緣做中心點記號，中心點左、右車縫 0.2cm 固定兩邊肩背帶。

39 依紙型上之記號之位置，車縫 0.2cm 固定三角布。

40 修剪多餘的布料。

41 取織帶 14cm 布邊對齊本體表布後片上緣中心點左、右兩側，並車縫 0.2cm 固定。

42 本體袋身前片與側袋身正面相對，布邊對齊車縫 1cm 固定，袋身後片同法完成與側袋身之結合。

43 袋身布邊修剪 0.5cm 縫份，使用人字織帶車縫 0.7cm 包邊。

44 完成。

B U C K E T   H A T

雙面遮陽帽

一帽雙面好搭配，
在陽光下也能自由奔跑的防護罩，
軟質好攜帶的特性，
放在包包裡備用也好方便。

尺寸 ⇨ 頭圍 54cm

作法 ⇨ P.46

pattern
B面

材料
---

01 裁布 （縫份已內含／除非特別註記）

A 帽頂	依紙型裁布	表布 ×1、裡布 ×1
B 帽身	依紙型裁布	表布 ×1、裡布 ×1
C 帽沿	依紙型裁布	表布 ×1、裡布 ×1

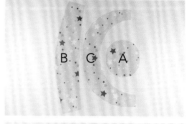

02 其他配件

D 織帶　　　70cm

How to make--

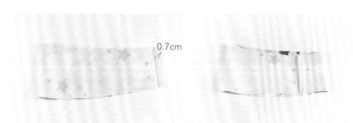

1　裡布帽身正面相對對折，短邊車縫 0.7cm 成環狀，縫份刮開。

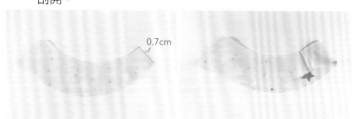

2　裡布帽沿正面相對對折，短邊車縫 0.7cm 成環狀，縫份刮開。

3　裡布帽頂／帽身正面相對，依紙型記號點位置對齊布邊並車縫 0.7cm 固定，縫份刮開。

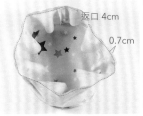

4 裡布帽身／帽沿正面相對，依紙型記號點位置對齊布邊並留返口 4cm，車縫 0.7cm 固定，縫份刮開。

5 表布帽身下擺布邊往上 0.7cm 使用水消筆畫記號線，織帶對齊記號線，上、下兩邊車縫 0.2cm 固定。

6 裁剪織帶 10cm 並重疊 1cm，距離布邊 0.5cm 處平針縫縫合成環狀，再裁剪一小段織帶縫合固定蝴蝶結中心。
※ 提醒：固定蝴蝶結中心的一小段織帶取決於使用的織帶寬度，長度大約為寬度的三倍。

7 將蝴蝶結依圖示手縫固定於帽身上。

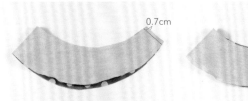

8 表布帽身正面相對對折，短邊車縫 0.7cm 成環狀，縫份刮開。

9 表布帽沿正面相對對折，短邊車縫 0.7cm 成環狀，縫份刮開。

10　表布帽頂／帽身正面相對，依紙型記號點位置對齊布邊
　　並車縫 0.7cm 固定，縫份刮開。

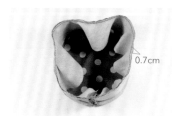

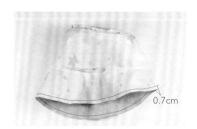

11　表布帽身／帽沿正面相對，依紙型記號點位置對齊布邊
　　並車縫 0.7cm 固定，縫份刮開。

12　將表布帽子翻至正面，
　　套入裡布帽子內，車縫
　　帽沿下擺 0.7cm 固定表／
　　裡布。

13　由返口翻回正面，帽沿
　　下擺車縫 0.2cm 裝飾線，
　　返口藏針縫縫合即完成。

BUTTON POUCH

pattern
B面

🧵 萬用隨身包

蒂頭兼具立體的裝飾性及釦絆的實用性，
加上窄側身的設計增加了可供置物的厚度，
讓小包包既可愛也實用。

尺寸 ⇨ 15.5cm 寬 ×16cm 高 ×3cm 底寬

作法 ⇨ P.52

材料
----

01 裁布（縫份已內含／除非特別註記）

A 本體	依紙型裁布	表布 ×2、裡布 ×2、薄襯 ×2
B 側身	31.5×4cm	表布 ×1、裡布 ×1
C 蒂頭	依紙型裁布	綠色素布 ×2
D 草莓籽	依紙型裁布	白色不織布 ×8

02 其他配件

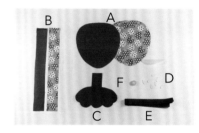

E 2cm 寬織帶　42cm
F 釦子　　　　1 個

How to make--

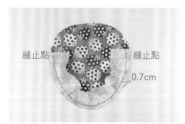

1　兩片蒂頭綠色素布正面相對，布邊留 4cm 返口，車縫 0.7cm 一圈固定。

2　圓弧處剪牙口，翻回正面，返口藏針縫縫合，布邊車縫 0.2cm 裝飾線一圈。

3　於蒂頭上方裝飾線處車縫釦眼。※提醒：釦眼大小取決於釦子尺寸。

4　本體裡布與側身裡布正面相對，布邊對齊車縫 0.7cm 固定。※提醒：從一端縫止點車縫至另一端縫止點。

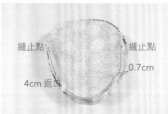

5　同作法 4 完成另一片本體裡布與側身裡布的車縫，須留返口 4cm。

6　本體表布與側身表布皆燙上其薄襯。

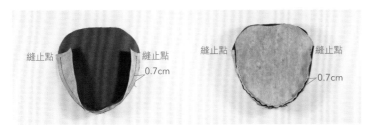

7　表袋同作法 4-5 車縫完成，圓弧處剪牙口。※ 提醒：表袋結合不需留返口。

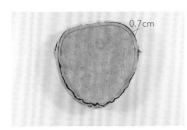

8　裡袋翻至正面，套入表袋內，並於表 / 裡布側身中間夾入織帶，側身車縫 0.7cm 固定表 / 裡布。

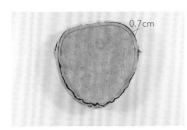

9　袋口車縫 0.7cm 固定表 / 裡布圓弧處。

10　由返口翻回正面，袋口車縫 0.2cm 裝飾線一圈，返口藏針縫縫合。

11　將蒂頭藏針縫固定於表布袋身前片上方。

12　表布袋身後片依圖示位置縫上釦子。

13　使用保麗龍膠黏貼草莓籽於表布袋身前片即完成。

PASSPORT COVER

🎒 一本就 go 護照套

護照夾層、透明拉鍊口袋、卡片夾、筆插應有盡有，
更有可拆卸的拉鍊小袋，
把最實用的功能通通集結。

pattern
B 面

尺寸 ⇨ 11cm 寬 ×16cm 高 ×2cm 底寬
作法 ⇨ P.55

01 裁布 （縫份已內含／除非特別註記）

A 前片主體	依紙型裁布	表布 ×1
B 前片用襯	依紙型裁布	厚布襯 ×1
C 裡布主體	依紙型裁布	裡布 ×1
D 裡布主體	依紙型裁布	厚布襯 ×1
E 右側口袋	依紙型裁布	裡布 ×1
F 右側小口袋	依紙型裁布	裡布 ×1
G 左側口袋	依紙型裁布	裡布 ×1
H 透明口袋	依紙型裁布	透明布 ×1
I 活動口袋	15.5×10.5cm	裡布 ×1
J 筆插	6×5.5cm	裡布 ×1

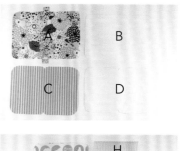

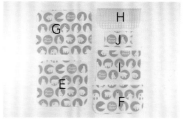

02 其他配件

K 緞帶	15cm
L 5V 拉鍊	47cm
M 拉鍊	15cm、10cm
N D 型環	1 個
O 透明暗釦	1 組
P 5V 拉鍊頭	1 組

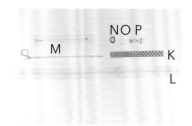

How to make---

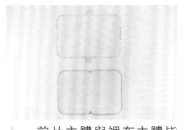

1 前片主體與裡布主體皆燙上其厚布襯。

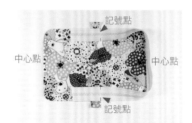

2 前片主體兩側做中心點記號,取 5V 拉鍊中心點與前片主體其中一側中心點對齊,拉鍊布對齊主體布邊,上、下方小耳朵延伸處於拉鏈上做記號。

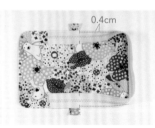

3 從小耳朵記號處起針車縫 0.4cm 至另一端記號處。

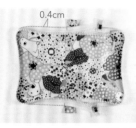

4 將拉鍊分開,同作法固定拉鍊的記號點於主體另一側,車縫 0.4cm 固定。

5 於四個圓弧處剪牙口。

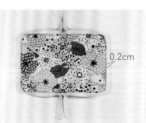

6 於主體正面車縫 0.2cm 裝飾線一圈。※ 提醒:不要車縫到小耳朵處多出來的拉鍊。

7 裝上拉鍊頭,檢查袋身有無歪斜。

8 從上、下多出袋身的拉鍊布邊往內 1.5cm 處平針縫繞幾圈固定,防止拉鍊頭脫落。

9 將多出的拉鍊塞入袋身內,拉鍊末端上、下對針縫固定,下緣可黏貼雙面膠固定拉鍊。

10 完成表布袋身。

11 左側口袋布對折，口袋對折邊車縫 0.2cm 固定於 15cm 拉鍊上。

12 透明口袋袋口車縫 0.2cm 固定於另一側拉鍊上。

13 左側口袋布反折對齊透明口袋，布邊疏車縫 0.2cm 固定布邊。

 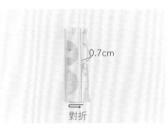

14 修剪多餘的拉鍊。

15 筆插布正面相對對折，長邊車縫 0.7cm 固定。

  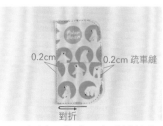

16 將筆插布翻回正面，縫份置中攤平，車縫 0.2cm 裝飾線一圈。

17 筆插布背面相對對折，放置於左側口袋內側由上往下 3.5cm 位置處，車縫固定。

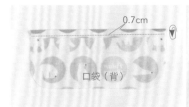

18 右側小口袋袋口往內折 1cm 再折 1cm，車縫 0.7cm 固定。

19 右側口袋背面相對對折，右側小口袋包夾右側口袋，左側車縫 0.2cm 裝飾線，右側圓弧處疏車縫 0.2cm 固定。

20 裁剪 4cm 緞帶穿入 D 環，依圖示位置車縫 0.2cm 固定於右側口袋上方。

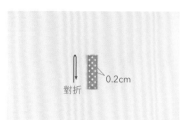

21 取 11cm 緞帶背面相對對折，車縫 0.2cm 裝飾線一圈。

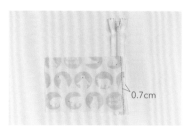

22 活動口袋布邊與拉鍊布正面相對，布邊對齊車縫 0.7cm 固定。

23 翻回正面，袋口車縫 0.2cm 裝飾線。

24 另一側布邊同法與拉鍊對齊車縫固定，翻回正面，車縫 0.2cm 裝飾線。

25 活動口袋拉鍊末端靠攏，平針縫幾圈固定，防止拉鍊頭脫落。

26 修剪多餘的拉鍊。

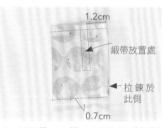

27 活動口袋正面相對對折，上方夾入步驟 21 的緞帶，上、下兩側車縫 0.7cm 固定。

28 活動口袋布邊修剪成 0.5cm，車縫鋸齒狀包邊。

29 翻回正面，用錐子挑出尖角。

30 緞帶由上往下 0.8cm 及 3.5cm 處做記號，手縫固定透明暗釦。

裡布（背）

裡布（正）

0.2cm

31 裡布主體圓弧處剪牙口，使用布用黏著劑將縫份沿著厚布襯邊緣往背面反折黏合。

32 左、右側口袋圓弧處剪牙口，使用布用黏著劑輔助黏合反折縫份於裡布主體背面，正面布邊車縫 0.2cm 裝飾線一圈，完成內袋。

33 將內袋放置於外袋上，背面相對，並且注意拉鍊的對齊位置，表 / 裡袋身以藏針縫縫合一圈固定。

34 將活動口袋穿過 D 環並扣合暗釦。

35 完成。

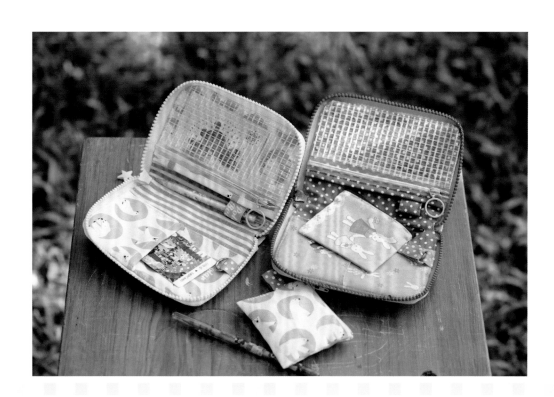

CROSSBODY
BAG

圓點點斜背包

總想把各種喜歡的小小物件隨身攜帶，
長長的拉鍊開口好拿好收，
帥氣地跨肩斜背，
不論如何跑跑跳跳都很自在。

尺寸 ⇨ 直徑 17cm 寬 ×2cm 底寬

作法 ⇨ P.62

pattern
B 面

材料
---

01 裁布 （縫份已內含／除非特別註記）

A 袋身	依紙型裁布	表布 ×2、裡布 ×2
B 側袋身	33.5×3 cm	表布 ×1、裡布 ×1
C 口袋	依紙型裁布	裡布 ×2
D 耳朵布	4×4cm	表布 ×2

02 其他配件

E D 型環	2 個
F 1cm 寬織帶	120cm
G 30cm 拉鍊	1 條
H 燙貼	1 個

How to make ------------------------------------

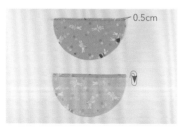

1 將內口袋袋口往內折 0.7cm 再折 0.7cm，車縫 0.5cm 固定。

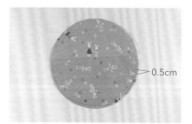

2 口袋車縫 0.5cm U 型固定於裡布袋身上。

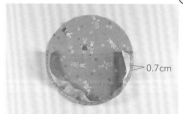

3 裡布袋身與裡布側袋身正面相對，布邊對齊車縫 0.7cm 固定，圓弧處剪牙口。

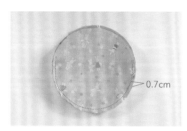

4 同作法 3 完成另一側裡布袋身與裡布側袋身之接合。

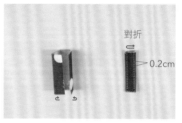

5 耳朵布取平行之兩邊往中心反折再對折，於長邊車縫 0.2cm 裝飾線。

6 將耳朵布穿入 D 型環對折，布邊對齊車縫 0.2cm 固定在表布側身上。

7 拉鍊與表布側身正面相對，末端對齊布邊車縫 0.7cm 固定。

8 翻至正面，車縫 0.2cm 裝飾線。

9 拉鍊另一端取 24cm 做記號，將側袋身表布另一端往內 0.7cm 對齊記號線車縫固定。※ 提醒：拉鍊頭於車縫時要拉進完成線內。

10 翻至正面，車縫 0.2cm 裝飾線。

11 修剪多餘的拉鍊。

12 取一片表布袋身燙上裝飾燙貼。

13 表布袋身與表布側袋身正面相對，布邊對齊車縫 0.7cm 固定，圓弧處剪牙口。

14 同作法 13 完成另一側表布袋身與表布側袋身之接合。

15 裡袋翻至正面，將表袋套入裡袋內，裡袋袋口縫份往內折 0.7cm，與表袋袋口完成線藏針縫縫合。

16 袋身兩側 D 環穿入織帶打結即完成。

III

◈ 野 餐 篇 ◈

LUNCH TOTE

束口保溫保冷餐袋

裝餐盒、水果、餐具都綽綽有餘，
寬口設計讓孩子自己好收好拿，
一拉束口袋就不怕東西掉出來。

尺寸 ⇒ 21cm 寬 ×18cm 高 ×12cm 底寬

作法 ⇒ P.68

材 料

01 裁布（縫份已內含）

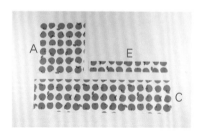

A	本體	23×21cm	表布 ×2、厚布襯 ×2
B	本體	23×20cm	銀色保溫布 ×2
C	本體側身	62×14cm	表布 ×1、厚布襯 ×1
D	本體側身	60×14cm	銀色保溫布 ×1
E	見返	4.5×35cm	表布 ×2、厚布襯 ×2
F	束口布	68×13.5cm	白色防水布 ×1
G	前口袋	23×13cm	配色布 ×1
H	前、後底布	23×10cm	配色布 ×2
I	側底	31.5×14cm	配色布 ×1
J	側身口袋	13×14cm	配色布 ×2

02 其他配件

K	2.5cm 寬織帶	135cm
L	棉繩	76cm
M	繩擋	1 個
N	珠鍊	1 條
O	棉花	少許
P	蘋果布	直徑 5.5cm 圓形 ×2 片

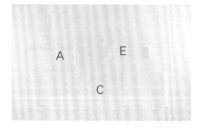

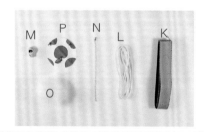

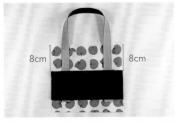

1　所有表布燙上其厚布襯。

2　將織帶裁成 67cm 兩條，依圖示位置車縫 0.2cm 固定織帶兩側於本體表布上。同法完成另一片本體表布與織帶車縫。

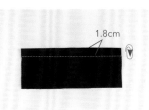

3　前口袋袋口往內折 2cm 再折 2cm，車縫 1.8cm 固定。

4　取一片本體表布袋口往下 8cm 做記號，將前口袋對齊記號點放置。

5　前底布背面相對對折，底部開口處布邊對齊作法 4 的本體表布袋底，對折處車縫 0.2cm 裝飾線。

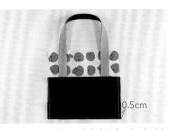

6　左、右兩側布邊疏車縫 0.5cm 固定。

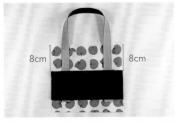

7　後底布背面相對對折，底部開口處布邊對齊另一片本體表布袋底，對折處車縫 0.2cm 裝飾線。

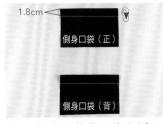

8　側身口袋袋口往內折 2cm 再折 2cm，車縫 1.8cm 固定。

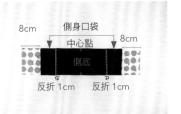

9　本體側身袋口往下 8cm 做記號，將側身口袋袋口對齊記號點放置，側底左、右兩側往內折燙 1cm，側底中心點對齊本體側身中心點放置，縫份折燙處車縫 0.2cm 裝飾線。

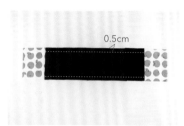

10 上、下兩側布邊疏車縫 0.5cm 固定。

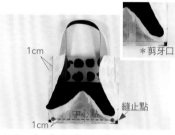

11 本體表布與本體側身正面相對,中心點對齊以縫止點車縫至縫止點的方式車縫 1cm 固定袋底,直角轉彎處於本體側身布剪牙口,以便轉彎,最後再車縫左、右兩側。

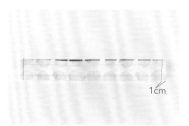

12 同作法 11 完成另一片袋身與側袋身的車縫。

13 底袋縫份修剪 45°角,減少縫份堆疊,翻至正面。

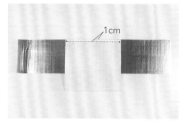

14 本體保溫布與本體側身保溫布正面相對,中心點對齊以縫止點車縫至縫止點的方式車縫 1cm 固定袋底。

15 直角轉彎處於本體側身保溫布剪牙口,以便轉彎。

16 左、右兩側車縫 1cm 固定。

17 同作法 14-16 完成另一片袋身保溫布與側袋身保溫布的車縫,內袋完成。

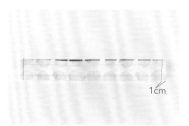

18 兩片見返正面相對,左、右兩側車縫 1cm 固定。

19 側邊縫份燙開,下緣縫份往內折燙 1cm。

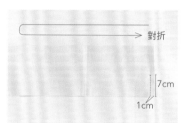

20 束口布正面相對對折,車縫 1cm 固定長度 7cm。

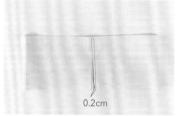

21 側邊縫份刮平,接縫線左、右兩側車縫 0.2cm 裝飾線。

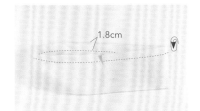

22　束口布側邊未車合的那側往內折 0.7cm 再折 2cm，車縫 1.8cm 裝飾線。

23　束口布未處理的布邊與見返縫份已折燙的布邊對齊，布邊疏車縫 0.2cm 一圈固定，見返布依折燙痕往下翻回正面。

24　內袋套入外袋中背面相對，縫份接合處相互對齊，袋口車縫 0.5cm 一圈固定。

25　將作法 23 的見返布與袋身正面相對套於袋身外側，左、右兩側接縫線與側身中心點對齊，袋口車縫 1cm 一圈固定。

26　見返翻至袋身內，袋口車縫 0.2cm 裝飾線。

27　見返下緣車縫 0.2cm 一圈固定於袋身上。

28　裁剪 73cm 棉繩穿入束口布軌道。

29　棉繩末端一同穿入繩擋，打結固定。

30　裁剪 3cm 棉繩對折，車縫 0.2cm 固定於一片蘋果布的正面上方。

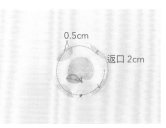

31　兩片蘋果布正面相對，留 2cm 返口，布邊車縫 0.5cm 一圈固定。

棉花塞入口　　　　　　　　藏針縫縫合

32 圓弧處剪牙口。　　33 由返口翻回正面，塞入棉　34 將返口藏針縫縫合。
　　　　　　　　　　　　　　花。

35 棉繩處穿入珠鍊，再穿入袋身的手把上固定即完成。

CUTLERY
POUCH

🧵 小夥伴餐具袋

放在桌上都讓人倍感歡樂的可愛餐具袋，
恰好的尺寸可以裝下各類兒童餐具，
把喜歡的動物夥伴帶在身邊，
每一次用餐都開開心心。

pattern
B面

尺寸 ⇨ 20cm 寬 ×8cm 高

作法 ⇨ P.74

材 料

01 裁布 （縫份已內含／除非特別註記）

● 兔子

A 表布	22×16cm	×1
B 裡布	22×16cm	×1
C 耳朵	依紙型裁布	×4

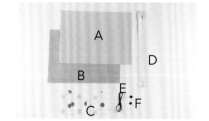

02 其他配件

D 20cm 拉鍊	1 條
E 繡線	少許
F 兔子眼睛	2 顆

01 裁布 （縫份已內含／除非特別註記）

● 貓熊

G 表布	22×16cm	×1
H 裡布	22×16cm	×1
I 耳朵	依紙型裁布	×4
J 眼睛	依紙型裁布	×2
K 眼珠	依紙型裁布	×2
L 鼻子	依紙型裁布	×1

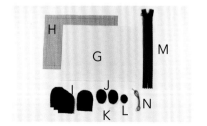

02 其他配件

M 20cm 拉鍊	1 條
N 繡線	少許

● 兔子

1 兩片耳朵布正面相對，車縫 0.7cm 固定。

2 圓弧處剪牙口，翻至正面。

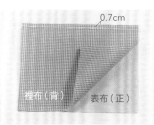
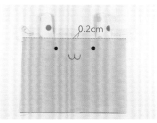

3 將耳朵依圖示位置車縫 0.2cm 固定於表布上。

4 使用保麗龍膠黏上眼睛。

5 取繡線兩股以平針縫方式縫上嘴巴。

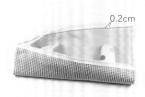

6 表布、拉鍊及裡布三層一起夾車 0.7cm 固定。

7 翻至正面，刮平縫份，袋口車縫 0.2cm 裝飾線。

8 車縫 0.7cm 固定另一側表布、拉鍊及裡布夾車。

9 翻至正面，袋口車縫 0.2cm 裝飾線。

10 翻至內袋面，左、右兩側車縫 0.7cm 固定。

11 左、右兩側車縫鋸齒狀包邊，翻至正面。

12 完成。

● 貓熊

1　兩片耳朵布正面相對，車縫 0.7cm 固定。

2　圓弧處剪牙口，翻至正面。

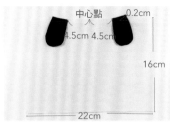

3　將耳朵車縫 0.2cm 固定於表布上。※ 提醒：耳朵可依個人喜好擺放車縫。

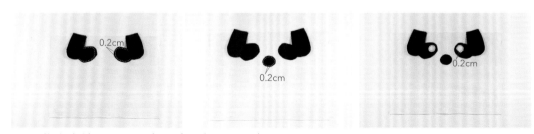

4　依序車縫 0.2cm 固定眼睛→鼻子→眼珠。

5　取繡線兩股以平針縫方式縫上嘴巴。

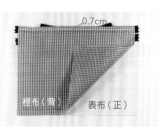

6　表布、拉鍊及裡布三層一起夾車 0.7cm 固定。

7　翻至正面，刮平縫份，袋口車縫 0.2cm 裝飾線。

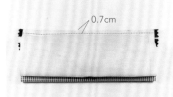

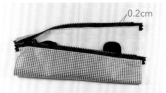

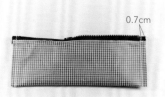

8　車縫 0.7cm 固定另一側
　　表布、拉鍊及裡布夾車。

9　翻至正面，袋口車縫
　　0.2cm 裝飾線。

10　翻至內袋面，左、右兩側
　　車縫 0.7cm 固定。

11　左、右兩側車縫鋸齒狀包
　　邊，翻至正面。

12　完成。

DRAWSTRING

BAGS

🧸 大肚量玩具收納袋

讓孩子便於自行收拾玩具的法寶，
袋口束繩抽放自如，
簡單打個結就能輕鬆帶著走。

尺寸 ⇨ 直徑 55cm 寬

作法 ⇨ P.80

材料

---

01 裁布（縫份已內含）

A 袋身　　　直徑 50cm 的圓　　表布 ×1、裡布 ×1
B 穿繩布　　78×12cm　　　素布 ×2

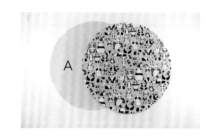

02 其他配件

C 雞眼釘　　內徑 1cm　　　4 組
D 蠟繩　　　330cm

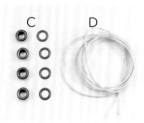

How to make--

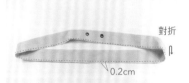

1　穿繩布兩片正面相對，車縫 1cm 固定兩短邊，接縫成環狀。

2　依圖示記號位置釘上雞眼釘。

3　穿繩布背面相對對折，開口處疏車縫 0.2cm 一圈固定。

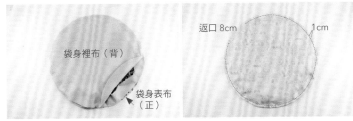

袋身裡布（背）

袋身表布（正）

返口 8cm   1cm

4   袋身表布、穿繩布及袋身裡布三層布邊對齊，留 8cm 返口，車縫 1cm 一圈固定。※ 提醒：穿繩布有釘上雞眼釘的那面須與袋身表布相對。

藏針縫

藏針縫

5   由返口翻回正面，返口藏針縫縫合。

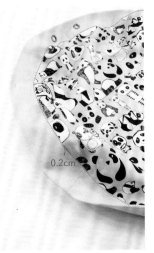

0.2cm

6   穿繩布與袋身接縫處車縫 0.2cm 裝飾線一圈固定於穿繩布上。

穿繩示意圖

7   蠟繩裁剪成兩段，U 型交錯由雞眼洞進出，於蠟繩末端打結完成。

PICNIC BAGS

 悠閒午後野餐袋

防撞的袋底鋪棉設計，
可置入野餐用具的超大容量，
後背野餐墊的放置空間，
攜手野餐去吧。

尺寸 ⇨ 34cm 寬 ×26cm 高 ×22cm 底寬

作法 ⇨ P.84

pattern
B面

材 料

01 裁布 （縫份已內含／除非特別註記）

● 野餐提袋

A 表布前、後身	36×21cm	表布 ×2
B 表布側身	24×21cm	表布 ×2
C 配色布前、後身	36×9cm	配色布 ×2、單膠棉 ×2
D 配色布側身	24×9cm	配色布 ×2、單膠棉 ×2
E 底	36×24 cm	配色布 ×1、裡布 ×1、燙單膠棉 ×1
F 裡布前、後身	36×28cm	裡布 ×2
G 裡布側身	24×28cm	裡布 ×2
H 內口袋	36×17cm	裡布 ×2
I 外口袋	17×16cm	表布 ×1
J 袋蓋	37×26cm	配色布 ×1
K 手把	依紙型裁布	表布 ×1、裡布 ×1

02 其他配件

L 2.5cm 寬織帶	170cm
M 布標	1 個
N 2cm 寬人字織帶	120cm
O 四合釦	2 組
P 魔鬼氈	4.5cm

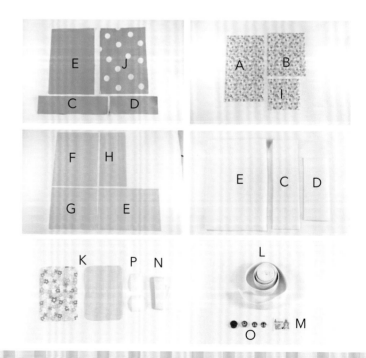

01 裁布

● 野餐墊

Q 表布   32×92cm   4色各1片

R 後背布   122×92cm   1片

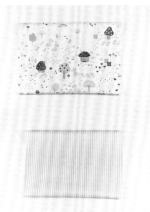

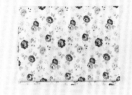

Q

R

How to make --

● 野餐提袋

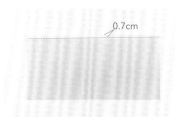
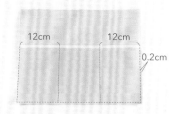
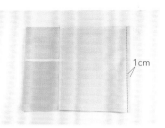

0.7cm

12cm   12cm

0.2cm

1cm

1 內口袋袋口取人字織帶車縫 0.7cm 包邊，同法完成另一片口袋袋口包邊車縫。

2 將內口袋放置於裡布前身上，袋底對齊，左、右兩側布邊及袋底疏車縫 0.2cm 固定，依圖示記號車縫隔間口袋，同法完成裡布後身與口袋的車縫。

3 裡布前身與裡布側身正面相對，側邊對齊車縫 1cm 固定。

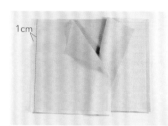

4　另一片裡布側身與裡布前身正面相對，側邊對齊車縫 1cm 固定於裡布前身另一側，同法依序完成裡布後身與裡布側身車縫，形成環狀。

5　裡布袋身與裡布袋底正面相對，兩側長邊以點到點的車縫方式車縫 1cm 固定。

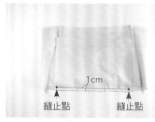

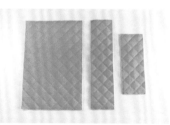

6　於縫止點處剪牙口，以便布料轉向車縫。※ 提醒：剪牙口時，不要裁剪到車縫線。

7　同作法 5 之車縫方式完成兩側短邊車縫，完成內袋。

8　配色布與單膠棉燙合，車縫間距 3cm 菱格紋。

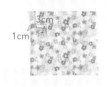

9　外口袋袋口往內折 1cm 再折 1cm，車縫 0.7cm 裝飾線。

10　裝飾布標依圖示位置車縫 0.2cm 固定於外口袋上。

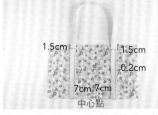

11　將外口袋放置在表布前身上，袋底中心對齊固定，取織帶裁切成85cm，依記號位置車縫∩型固定織帶於表布前身上。

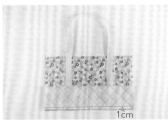

12　表布前身與配色布前身正面相對，布邊對齊車縫1cm固定，縫份倒向配色布。

13　前袋身翻至正面，於配色布上車縫0.2cm裝飾線固定縫份。

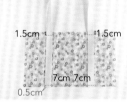

14　取85cm織帶依圖示記號位置車縫固定於表布後身上。

15　同作法12-13車縫固定配色布後身於表布後身上。

16　表布側身與配色布側身正面相對，布邊對齊車縫1cm固定，縫份攤開。

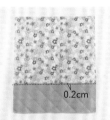

17　側袋身翻至正面，於配色布上車縫0.2cm裝飾線，同法完成另一側側袋身及配色布車縫。

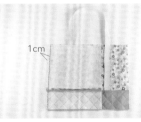

18　表布前身與表布側身正面相對，側邊對齊車縫1cm固定。※提醒：車縫時，須注意接合處有無對齊。

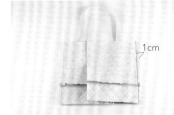

19　另一片表布側身與表布前身正面相對，側邊對齊車縫1cm固定於表布前身另一側，同法依序完成表布後身與表布側身車縫，形成環狀。

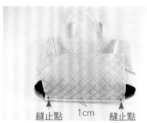

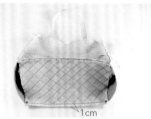

20 表布袋身與配色布袋底正面相對，兩側長邊以點到點的車縫方式車縫 1cm 固定，並於縫止點處剪牙口。

21 同作法 20 之車縫方式完成兩側短邊車縫，完成外袋，翻至正面。

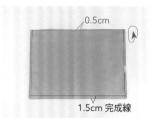

23 外袋袋口及內袋袋口分別往內折 1cm，將內袋放入外袋中背面相對，後袋身夾入袋蓋布，袋口車縫 0.2cm 固定。※ 提醒：夾入的袋蓋邊為未反折處理的部分，袋身袋口須對齊袋蓋完成線。

22 袋蓋布取一長邊及兩短邊布邊往內折 0.7cm 再折 0.7cm，車縫 0.5cm 固定，未車縫的部分畫 1.5cm 記號線為完成線。

24 依圖示位置於左、右側袋身釘上四合鈕。

25 取魔鬼氈子、母片分別車縫 0.2cm 固定於手把表／裡布其中一側長邊上。

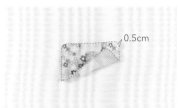  

26 手把布表／裡布背面相對，布邊疏車縫 0.5cm 一圈固定。※ 提醒：手把表／裡布擺放方向須讓魔鬼氈錯開。

27 手把布布邊以人字織帶包邊處理，車縫 0.7cm 一圈固定，完成手把布。

28 完成。

● 野餐墊

  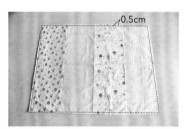

1 四色表布長邊依序車縫 1cm 固定，縫份燙開。

2 表布與後背布正面相對，留 10cm 返口，四周車縫 1cm 一圈固定。

3 由返口翻回正面，返口藏針縫縫合，四周車縫 0.5cm 一圈即完成。

IV

派 對 篇

HEADBAND

蝴蝶翩翩髮圈

打結後變立體的圓圓蝴蝶結討人喜愛，
依當日的心情想要俏皮或優雅時，
都能利用內建的鐵絲自由塑造風格。

尺寸 ⇨ 12cm 寬

作法 ⇨ P.94

pattern
B 面

材料
---

01 裁布 （縫份已內含／除非特別註記）

A 長方形布　　　　4.5×37.5cm　　　　表布 ×1
B 橢圓形布　　　　依紙型裁布　　　　　表布 ×2

02 其他配件

C 1.3cm 寬塑膠髮圈　　1 個
D 鐵絲　　　　　　　　少許

How to make --

1　橢圓形布兩片正面相對，留 3cm 返口，布邊車縫 0.5cm 一圈固定。

2　由返口翻回正面。

3　取鐵絲利用紙膠帶繞合固定，長度與橢圓形的輪廓相同。

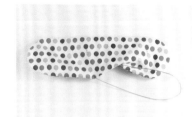

4　將鐵絲穿入橢圓形布中，返口藏針縫縫合。

5　長方形布正面相對對折，留 3cm 返口，布邊車縫 0.5cm 固定。

6 長方形布由返口翻回正面。

7 塑膠髮圈穿入長方形布中，返口藏針縫縫合。

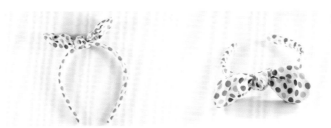

8 橢圓形布繞於髮圈上，打一個活結即完成。

HAIRPIN

隨心所欲髮夾

只用熱熔槍就可快速完成繽紛多彩的特色髮夾，
每天打扮時都有不同的雀躍選擇，
一別上就有飛揚的好心情。

尺寸 → 5.5cm~7cm 寬
作法 → P.98

pattern
B 面

材 料

01 裁布及其他配件（縫份已內含）

● 澎澎球髮夾

A 紗網布	60×3cm	3 片
B 花布	50×3cm	1 片
C 5cm 寬 H 夾	1 個	
D 1cm 寬緞帶	10.5cm	
E 不織布	直徑 2.5cm 圓形	1 片
F 止滑墊	1 個	

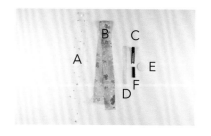

● 蝴蝶結髮夾

A 蝴蝶結主布	依紙型裁布	1 片
B 長方形布	5.3×1.2cm	1 片
C 5cm 寬 H 夾	1 個	
D 1cm 寬緞帶	10.5cm	
E 止滑墊	1 個	

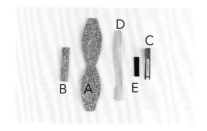

● 星星髮夾

A 星星主布	依紙型裁布	2 片
B 5cm 寬 H 夾	1 個	
C 紗網布	6×6cm	1 片
D 棉花	少許	

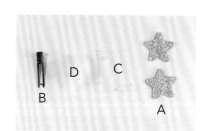

● 彩球髮夾

A 紗網布	58×8cm	2 片
B 彩色珠珠	6 顆	
C 彈性線	少許	
D 5cm 寬 H 夾	1 個	
E 1cm 寬緞帶	10.5cm	
F 止滑墊	1 個	

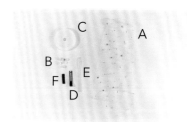

● 澎澎球髮夾

1　10.5cm 的緞帶使用熱熔槍黏貼於 H 夾上。

止滑墊黏貼處

2　H 夾夾層上方黏貼黑色止滑墊。

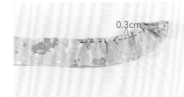

0.3cm

3　花布布條布邊手縫 0.3cm 疏縫一圈，並且拉緊使其成為一個圓。

4　同作法 3 完成三片紗網布縮縫。

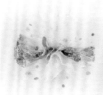

1. 紗網布
2. 紗網布
3. 花布
4. 紗網布

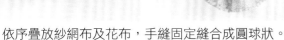

5　依序疊放紗網布及花布，手縫固定縫合成圓球狀。

6　圓形不織布一面與單層紗網布黏合，另一面與 H 夾表面黏合即完成。

● **蝴蝶結髮夾**

1　10.5cm 的緞帶使用熱熔槍黏貼於 H 夾上。

2　H 夾夾層上方黏貼黑色止滑墊。

止滑墊黏貼處

3　蝴蝶結布左、右往中心反折，接合處稍微黏合。長方形布繞於蝴蝶結接合處，中心使用熱熔槍黏合固定。

4　將蝴蝶結黏貼在 H 夾表面即完成。

● **星星髮夾**

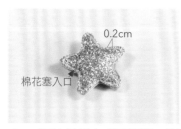

0.2cm

棉花塞入口

1　兩片星星布背面相對，預留小洞可塞入棉花，布邊車縫 0.2cm 固定，塞入棉花後再全部縫合。

2　將紗網布對折，對折處抓皺並手縫幾針固定皺褶。

3　將紗網布與星星使用熱熔槍黏合於 H 夾表面即完成。

● 彩球髮夾

1　將兩片紗網布抓皺並手縫幾針固定皺褶。

2　彩色珠珠利用彈性線繞於紗網布間隙並打結固定。

3　10.5cm 的緞帶使用熱熔槍黏貼於 H 夾上。

止滑墊黏貼處

4　H 夾夾層上方黏貼黑色止滑墊。

5　將紗網球黏貼在 H 夾表面即完成。

WARM SCARF

🍼 暖暖絨毛圍巾

縫綴上一顆顆彩色毛線球，
帶來俏皮的立體感，
披戴一圈或兩圈隨興搭配，
密密實實地維持充足的溫暖。

尺寸 ⇨ 52cm 寬 ×9cm 高

作法 ⇨ P.104

材料

01 裁布及其他配件（縫份已內含）

A 本體　　　110×21cm　　表布 ×1
B 毛線球　　4顆

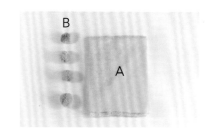

How to make ---

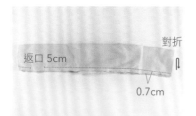

1　本體表布正面相對對折，留5cm返口，長邊車縫0.7cm固定。

2　將一端短邊往內套入另一端短邊正面相對，車縫0.7cm一圈接合。

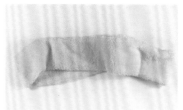

3　由返口翻回正面，返口藏針縫縫合。

4　本體表布分成四等分，手縫固定四色毛線球即完成。

NECKLACE

🪡 輕巧布珠珠項鍊

外型可愛吸睛的珠珠項鍊，
用來穿搭或佈置都超好用。
不僅步驟簡易、製作快速，
更是解決零碼布困擾的聰明點子。

尺寸⇨ 全長 53cm
作法⇨ P.107

材 料

01 裁布及其他配件 （縫份已內含）

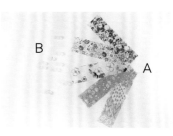

A 表布　　　　　　　198×5cm（可由多塊布料拼接）
B 直徑 1.2cm 珠珠　　29 個

How to make--

1　各色布條正面相對，短邊
　　依序車縫 0.5cm 拼接成
　　198×5cm 的布條，縫份
　　燙開。

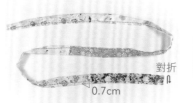

對折
0.7cm

2　布條正面相對對折，長邊
　　車縫 0.7cm 固定。

3　將布條翻回正面。

4　布條起頭預留 15cm 打
　　結，再穿入珠珠，依序重
　　複打結及穿入珠珠之動
　　作，完成至布條另一端
　　15cm 處。

0.2cm
往內折

5　布條布邊開口處往內折
　　0.5cm，開口處以平針縫
　　縫合。

6　兩端預留的 15cm 可綁
　　成一個蝴蝶結即完成。

CLASP BAG

口金小提包

有時候想當個小小淑女時，
也想要有相襯的包款。
只要更換提帶的長度，
手提或肩背都能開開心心地使用。

尺寸 ⇨ 15cm 寬 ×14cm 高

作法 ⇨ P.110

pattern
B面

材料
---

01 裁布 （縫份已內含）

A 本體　　　　依紙型裁布　　表布 ×2、裡布 ×2、單膠棉 ×2

02 其他配件

B 口金　　　　1 個（寬 12cm× 高 5cm）
C 球球織帶　　32cm
D 裝飾羊毛氈　1 個
E 提把　　　　1 個

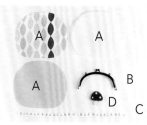
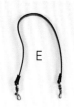
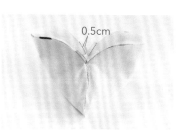

How to make --

1　表布燙上其單膠棉。

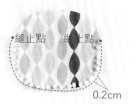

2　取 一 片 表 布 布 邊 車 縫
0.2cm 固定球球織帶。
※ 提醒：由縫止點車縫
至另一端縫止點。

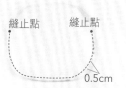

3　兩片表布正面相對，從一
端縫止點車縫 0.5cm 至
另一端縫止點。

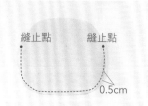

4　兩片裡布同作法 3 車縫
固定。

5　將外袋翻回正面。

6　外袋套入內袋中正面相
對，車縫 0.5cm 固定表
／裡布四邊縫止點至內
角處。

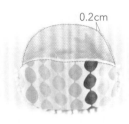

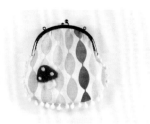

7　袋身翻至正面，內、外袋袋口布邊對齊，袋口車縫0.2cm 一圈固定。

8　袋口與口金縫合固定。

9　手縫固定裝飾羊毛氈。

10　裝上提把即完成。

玩布生活 24

日日都可愛
童用日常手作包 & 配飾

作者	王思云
總編輯	彭文富
編輯	張維文、吳佳珈
攝影師	張世平、徐愷澤、曾俞勳
設計排版	徐小碧
紙型繪圖	龔靖倫
紙型排版	菩薩蠻數位文化有限公司

出版者	飛天手作興業有限公司
地址	新北市中和區中正路 872 號 6 樓之 2
電話	(02)2222-2260
傳真	(02)2222-1270
廣告專線	(02)2222-7270 分機 12 邱小姐
網址	www.cottonlife.com
臉書專頁	facebook.com/cottonlife.club
E-mail	cottonlife.service@gmail.com

■ 發行人　　彭文富
■ 劃撥帳號　50141907
■ 戶名　　　飛天手作興業有限公司
■ 總經銷　　時報文化出版企業股份有限公司
■ 電 話　　(02)2306-6842
■ 倉庫　　　桃園縣龜山鄉萬壽路二段 351 號

初版　2018 年 07 月
ISBN　978-986-94442-8-6
定價　350 元

PRINTED IN TAIWAN

國家圖書館出版品預行編目 (CIP) 資料

日日都可愛 / 童用日常手作包 & 配飾 /
王思云作 . -- 初版 . -- 新北市：飛天手作，
2018.06
　面；　公分 . -- (玩布生活；24)
ISBN 978-986-94442-8-6(平裝)

1. 手工藝

426.7　　　　　　　　　　107008399